Die neuen Vorschriften

in der

Eisenbahn-Verkehrsordnung

vom 26. Oktober 1899.

Von

Dr. Th. Gerstner,
Geh. Ober-Regierungsrath, vortr. Rath im
Reichs-Eisenbahn-Amt.

Springer-Verlag Berlin Heidelberg GmbH 1899

Sonderabdruck
aus
Zeitung des Vereins Deutscher Eisenbahn-Verwaltungen.
1899. Nr. 84 u. 85.

ISBN 978-3-662-32336-6   ISBN 978-3-662-33163-7 (eBook)
DOI 10.1007/978-3-662-33163-7

Das am 1. Januar 1900 in Kraft tretende Handelsgesetzbuch vom 10. Mai 1897 enthält in den vom „Frachtgeschäft" sowie von „Beförderung von Gütern und Personen auf den Eisenbahnen" handelnden Abschnitten 6 und 7 des III. Buches eine Reihe von Bestimmungen, durch welche die entsprechenden Vorschriften des bisher geltenden Handelsgesetzbuches abgeändert sind. Da diese Vorschriften nebst denen im Art. 45 der Reichsverfassung die Grundlage der zur Zeit geltenden „Verkehrsordnung für die Eisenbahnen Deutschlands" vom 15. November 1892 bilden, so war eine Durchsicht der letzteren zum Zwecke eines möglichst genauen Anschlusses an die neuen handelsgesetzlichen Festsetzungen geboten. Hierbei sind auch die Aenderungen, welche das Internationale Uebereinkommen über den Eisenbahnfrachtverkehr durch das am 16. Juni 1898 zu Paris abgeschlossene, aber noch der Ratifikation bedürftige Zusatzübereinkommen erfahren hat und die zum Theil bereits in das neue Handelsgesetzbuch übergegangen sind, soweit thunlich berücksichtigt. Ferner schien es angezeigt, bei diesem Anlass auch einigen sonstigen Neuerungen Eingang zu verschaffen, für die sich im Laufe der letzten Jahre ein praktisches Bedürfniss gezeigt hat.

Hiernach ist — mit Wirkung vom 1. Januar 1900 — eine neue „Eisenbahn-Verkehrsordnung" am 26. Oktober d. J. vom Bundesrath beschlossen und unter dem gleichen Datum vom Reichskanzler im Reichsgesetzblatt Nr. 41 S. 557 ff. bekannt gemacht worden.[1]) Sie schliesst sich, soweit ein Anlass zu Aende-

---

[1]) Eine im Reichseisenbahnamt durchgesehene Ausgabe, die systematische und alphabetische Inhaltsverzeichnisse und verschiedene Hinweise, namentlich auch auf die entsprechenden Paragraphen des Handelsgesetzbuches und die konnexen internationalen Vorschriften sowie einige vom Reichseisenbahnamt erlassene Ausführungsbestimmungen enthält, erscheint soeben im Verlage von Julius Springer in Berlin.

rungen nicht vorlag, sowohl hinsichtlich ihres Inhalts, als auch
bezüglich ihrer Anordnung, insbesondere der Reihenfolge der
Paragraphen an die bisherige Verkehrsordnung für die Eisenbahnen Deutschlands, welche sie zu ersetzen bestimmt ist, auf
das Engste an. Indess kommt der neuen Ordnung eine wesentlich andere rechtliche Bedeutung zu, als der bisherigen.
Während diese — wenigstens nach der herrschenden Theorie
und Praxis — nur als ein Verwaltungsbefehl mit Normativbestimmungen für den Abschluss von Eisenbahnfrachtverträgen
zu betrachten war,[2]) trägt die neue Ordnung im Hinblick auf
die §§ 453 ff. des neuen Handelsgesetzbuches und nach den
in der Denkschrift zu der betreffenden Reichstagsvorlage gegebenen Erläuterungen (Drucksache Nr. 632 von 1895/97
S. 254, 267 ff.) den Charakter einer mit Gesetzeskraft ausgestatteten Ausführungsverordnung. Sie schafft also objektives
Recht: allerdings nur unter der für jede Vollzugsverordnung
einer Verwaltungsbehörde selbstverständlichen Voraussetzung,
dass sie sich mit zwingenden oder verbietenden Bestimmungen
des Gesetzes selbst nicht in Widerspruch setzt.

Nachstehend sollen diejenigen einzelnen Bestimmungen
der neuen Ordnung, die Abänderungen oder Ergänzungen der
bisherigen Vorschriften enthalten, unter autorisirter Benutzung
der Motive zu den seiner Zeit an den Bundesrath gestellten Anträgen kurz beleuchtet werden.

Der Titel

„Eisenbahn-Verkehrsordnung" ist der Ausdruckweise im Buch III
Abschnitt 7 des neuen Handelsgesetzbuches angepasst.

Zu I. Eingangsbestimmungen.

Absatz 1 lautet nunmehr: „Die Eisenbahn-Verkehrsordnung findet Anwendung auf die dem öffentlichen Verkehre dienenden Eisenbahnen Deutschlands mit Ausnahme der Bahnunternehmungen, welche weder zu den Haupteisenbahnen im Sinne

---

[2]) Vergl. u. a. Gerstner in Laband's Archiv für öffentliches Recht XI (1895) S. 161 ff.

der Betriebsordnung noch zu den Nebeneisenbahnen im Sinne der Bahnordnung gehören (Kleinbahnen). Auf den internationalen Verkehr findet . . . . . ." usw. wie bisher. — Durch diese Fassung ist, im Anschluss an die Vorschriften der §§ 454, 472 und 473 H. G.-B., jeder Zweifel darüber ausgeschlossen, dass die Verkehrsordnung auf nicht dem öffentlichen Verkehr dienende Bahnen, sowie auf sogen. Kleinbahnen keine Anwendung findet.

Als **Absatz 2** ist folgende Bestimmung neu eingefügt: „In Fällen eines dringenden Verkehrsbedürfnisses sowie zum Zwecke von Versuchen mit neuen Einrichtungen können Ergänzungen oder Aenderungen einzelner Vorschriften dieser Ordnung vom Reichseisenbahnamt im Einverständnisse mit den betheiligten Landesaufsichtsbehörden bis auf weiteres verfügt werden. Derartige vorläufige Verfügungen sind im Reichsgesetzblatte zu veröffentlichen. Die endgültige Regelung durch den Bundesrath ist thunlichst bald herbeizuführen." — Diese Bestimmung entspricht einem mehrfach hervorgetretenen Bedürfniss. Der Einführung die Verkehrsordnung abändernder oder ergänzender Vorschriften durch den Bundesrath müssen naturgemäss in der Regel eingehende Erhebungen, namentlich eisenbahn- und gewerbetechnischer Natur, öfters auch Versuche mittelst praktischer Anwendung der in Frage kommenden Maassregeln im Betriebsdienste vorangehen. Um derartige Versuche auf gesetzlicher Grundlage vornehmen zu können und um an sich unbedenklich erscheinenden, aber mit den Vorschriften der Verkehrsordnung nicht im Einklange stehenden Verbesserungen, an deren schleuniger Einführung hin und wieder gewichtige Interessen hängen, rechtzeitig Eingang zu verschaffen, ist den Aufsichtsbehörden eine allgemeine Vollmacht zur vorläufigen Einführung derartiger Maassnahmen unter den im neuen Text vorgesehenen Voraussetzungen ertheilt.

Durch den **neuen Absatz 2** bleiben die Bestimmungen der bisherigen Absätze 2 und 3 über Ergänzungen und Aenderungen der Verkehrsordnung **durch die Tarife** ihrem Inhalte nach unberührt. Sie bilden zusammen den nunmehrigen **Absatz 8**, welcher gegenüber der Fassung der entsprechenden bisherigen Vorschriften nur rein formelle Aenderungen aufweist.

Ob einer in Aussicht genommenen Aenderung oder Ergänzung auf dem einen oder auf dem andern dieser Wege — nach Absatz 2 oder aber nach Absatz 3 der neuen Fassung — Eingang zu verschaffen sei, wird von der Natur der Neuerung abhängen. Die Einführung im Wege des Tarifes ist für „abweichende" Bestimmungen ohnehin auf Nebenbahnen oder Strecken mit eigenartigen Betriebsverhältnissen beschränkt; sie ist aber auch für „ergänzende" Vorschriften in manchen Fällen durch die Beschaffenheit der in Frage stehenden Neuerung, namentlich wenn es sich um gesundheits- oder sicherheitspolizeiliche Maassregeln handelt, nicht geeignet. In allen solchen Fällen erübrigt nur, der beabsichtigten Aenderung oder Ergänzung durch den Bundesrath oder je nach Umständen auf dem in dem neuen Absatz 2 vorgesehenen Wege Eingang zu verschaffen.

Zu § 6.

Im Absatz 1 ist statt der Worte: „Thieren und Sachen" die korrektere Ausdrucksweise: „Sachen einschliesslich lebender Thiere" gewählt.

Zu § 7.

Absatz 1 hat am Schluss einen Zusatz erhalten, wonach die Tarife „bei Erfüllung der gleichen Bedingungen für jedermann in derselben Weise anzuwenden sind." — Dies entspricht nur einem im inneren Verkehr stets befolgten und auch im Artikel 11 des Internationalen Uebereinkommens zum Ausdruck gelangten Grundsatze.

Im Absatz 3 ist, wie auch an anderen Stellen, das Wort „veröffentlichten" vor „Tarifen", als im Hinblick auf die Bestimmung im Absatz 1 selbstverständlich, weggelassen.

Im § 9

ist die sachlich beibehaltene Vorschrift, betreffend die Haftung der Eisenbahn für ihre Leute usw., in genaue Uebereinstimmung mit dem Wortlaut des Handelsgesetzbuchs § 458 gebracht.

Zu § 10.

Die in den **zweiten Satz** neu aufgenommene Vorschrift, wonach nicht nur die Wagenklassen, welche die einzelnen Züge führen, sondern auch „die Gattung des Zuges" aus dem Fahrplan ersichtlich sein muss, entspricht einem Bedürfnisse des Verkehres und einer allgemein bestehenden Uebung. Dabei ist davon ausgegangen, dass es genügt, ersichtlich zu machen, ob es sich um gewöhnliche Personenzüge oder um Züge mit erhöhten Preisen handelt.

Zu § 14.

Am Schlusse des **Absatzes 2** war bisher als Voraussetzung für den Umtausch einer gelösten Fahrkarte vorgeschrieben, dass sie „noch nicht entwerthet ist". Statt dessen ist mit Rücksicht darauf, dass überall da, wo der Bahnsteig abgesperrt ist, die Fahrkarte schon beim Betreten desselben durchlocht wird, nunmehr gesetzt: „noch nicht durchlocht ist oder nachweislich nur zum Betreten des Bahnsteiges benutzt wurde".

Zu § 16.

Im **Absatz 1** ist mit Rücksicht auf das je nach der Oertlichkeit verschiedene Bedürfniss neu bestimmt, dass das Abrufen oder Abläuten zum Einsteigen in die Wagen nicht nur — wie bisher — in den Warteräumen, sondern auch „auf den Bahnsteigen" erfolgen kann. Ferner sind die Worte: „oder durch ein aus zwei Schlägen der Stationsglocke bestehendes Signal" weggelassen, nachdem dieses Zeichen als den Verhältnissen der meisten Bahnen nicht mehr entsprechend auch in der Signalordnung weggefallen ist.

Dem § 20

ist, um die Uebertragung von Krankheiten auf Mitreisende thunlichst zu verhüten, der folgende neue **Absatz 2** hinzugefügt:

„Personen, die an Pocken, Flecktyphus, Diphterie, Scharlach, Cholera oder Lepra leiden, sind in besonderen Wagen, solche die an Ruhr, Masern oder Keuchhusten leiden, in abgeschlossenen Wagenabtheilungen mit getrenntem Abort zu befördern. Die Beförderung von Pestkranken ist ausgeschlossen. Bei Personen, die einer der vorgenannten Krankheiten verdächtig sind, kann die Beförderung von der Beibringung eines ärztlichen Attestes abhängig gemacht werden, aus dem die Art ihrer Krankheit hervorgeht. Für die Beförderung in besonderen Wagen und Wagenabtheilungen sind die tarifmässigen Gebühren zu bezahlen."

Aehnliche Bestimmungen fanden sich bisher als Zusatz zu diesem Paragraphen im Theil I des Personentarifes.

Die Absätze 2 und 3 haben nunmehr die Nummern 3 und 4 erhalten.

Zu § 21.

Im Absatz 1 ist im Hinblick auf die fast allgemein eingeführte Bahnsteigsperre neu vorgeschrieben, dass die Fahrkarte auf Verlangen auch „beim Verlassen des Bahnsteiges" vorzuzeigen ist. Weiter ist, einer bereits bestehenden Uebung entsprechend, hinzugefügt, dass die Fahrkarte je nach den für die letzte Fahrstrecke bestehenden Einrichtungen kurz vor oder nach der Beendigung der Fahrt auf Verlangen abzugeben ist.

Absatz 2 ist im Eingang nunmehr wie folgt gefasst: „Wer ohne gültige Fahrkarte im Zuge Platz nimmt", hat . . usw. wie bisher. — Damit soll auch der Fall getroffen werden, wenn Nichtreisende unbefugt im Wagen Platz nehmen, sowie der weitere Fall, wenn das Fehlen der Fahrkarte erst nach Beendigung der Fahrt festgestellt wird.

Als Absatz 4 ist neu bestimmt: „Den Eisenbahnverwaltungen bleibt überlassen, die Fälle, in denen von einem Zuschlag aus Billigkeitsgründen abzusehen ist oder andere Zuschläge als die im Absatz 2 erwähnten erhoben werden sollen, mit Genehmigung der Landesaufsichtsbehörden nach Zustimmung des Reichseisenbahnamts durch den Tarif einheitlich zu regeln." — Hierdurch ist einerseits für an sich zweckmässige erleichternde Bestimmungen, wie sie sich namentlich im Theil I des deutschen Gütertarifes (Zusätze 2 bis 4 zu diesem Paragraphen) finden, die erforderliche rechtliche Grundlage geschaffen. Andererseits wird verhindert, dass die Lokaltarife (Theil II) ohne genügenden inneren Grund unter einander abweichende Bestimmungen bezüglich der Frachtzuschläge festsetzen, auch wenn solche nach Maassgabe des Absatzes 3 der Eingangsbestimmungen an sich gestattet sein sollten.

In dem weiter hinzugefügten **Absatz 5** ist vorgeschrieben: „Auf Stationen mit Bahnsteigsperre ist die Bahnsteigkarte beim Betreten des Bahnsteiges vorzuzeigen und bei dessen Verlassen abzugeben. Wer unbefugterweise die abgesperrten Theile eines Bahnhofes betritt, hat den Betrag von 1 ℳ. und wenn festgestellt wird, dass er ohne gültige Fahrkarte einen Zug benutzt hat, die im Absatz 2 vorgesehenen Beträge zu zahlen." — Es soll damit die Durchführung der Bahnsteigsperre da, wo sie besteht, gesichert werden. Die Strafbestimmung[3]) ist übrigens ihrem Wortlaut und Sinn zufolge auch da anwendbar, wo — wie auf württembergischen und oldenburgischen Stationen — eine Bahnsteigsperre in der Weise besteht, dass nur der Zutritt, nicht aber auch der Austritt kontrolirt wird. — Diesem neuen Absatz entsprechend ist auch die **Ueberschrift** des Paragraphen ergänzt.

Zu § 24.

Im **Absatz 1** lautet nunmehr, unter Wegfall des dritten Satzes, der zweite Satz: „Sobald der Zug stillsteht, haben die Bahnbediensteten nach der zum Aussteigen bestimmten Seite die Thüren derjenigen Wagen zu öffnen, aus denen Reisende auszusteigen verlangen." — Die gegenwärtige Fassung, wonach, sobald der Zug stillsteht, die Bahnbediensteten nach der zum Aussteigen bestimmten Seite die Thüren derjenigen Wagen zu öffnen haben, in denen sich Reisende mit Fahrkarten für diese Station befinden, ist bei den heutigen Verkehrsverhältnissen kaum durchführbar. Bei der neuen Fassung ist davon ausgegangen, dass das Verlangen des Reisenden auch schon bei der Abfahrt oder unterwegs gestellt werden kann.

---

[3]) Dieser Ausdruck ist im Sinne einer Civilbusse zu verstehen.

Zu § 25.

Einer im **Absatz 1** dem **zweiten Satze** beigefügten neuen Bestimmung zufolge können von der Vorschrift, dass Fahrtunterbrechungen sofort nach dem Verlassen des Zuges vom Bahnhofsvorsteher bescheinigt werden müssen, „Ausnahmen in den Tarifen zugelassen" werden. Hierdurch ist denjenigen Bahnen, welche diese lästige Vorsichtsmaassregel nicht für unbedingt erforderlich halten, die Möglichkeit gegeben, davon abzusehen.

Zu § 26.

Absatz 1 ist nunmehr wie folgt gefasst: „Verspätete Abfahrt oder Ankunft sowie der **Ausfall eines Zuges** begründen keinen Anspruch auf Schadensersatz gegen die Eisenbahn." — Auch in der Ueberschrift ist des Ausfalls von Zügen gedacht. Durch die weiter vorgesehene **Beschränkung** des Ausschlusses der Haftung **auf Schadensersatzansprüche** ist der im Hinblick auf die folgenden Absätze mit der Vorschrift schon jetzt verbundene Sinn besser zum Ausdrucke gebracht worden.

Im **Absatz 6** ist neu bestimmt: „Den Eisenbahnverwaltungen bleibt überlassen, weitere Erleichterungen mit Genehmigung der Landesaufsichtsbehörden nach Zustimmung des Reichseisenbahnamts durch den Tarif einheitlich festzusetzen." — Für die schon bisher in diesem Sinne ergangenen Zusatzbestimmungen im Theil I des Personentarifes ist dadurch die erforderliche Grundlage geschaffen; zugleich ist aber auch die Einheitlichkeit derartiger Vorschriften gewahrt.

Der **Absatz 7** entspricht dem bisherigen Absatz 6.

Zu § 27

ist ein **neuer Absatz 4** beigefügt, welcher lautet: „Wer einen Hund ohne Beförderungsschein (Hundekarte) mitführt, hat die nachstehenden Beträge zu bezahlen: a) bei rechtzeitiger Meldung (vergl. § 21 Absatz 2) den Zuschlag von 1 ℳ zu dem tarifmässigen Preise, jedoch nicht über das Doppelte des letzteren, b) ohne solche Meldung das Doppelte des Preises, jedoch mindestens 6 ℳ. In anderen als den im Absatz 2 erwähnten

Fällen ist der Hund ausserdem aus dem Personenwagen zu entfernen. Die Bestimmung unter § 21 (4) findet sinngemässe Anwendung." — Dadurch sind für die unterlassene Lösung von Hundekarten ähnliche Taxzuschläge angeordnet, wie die im § 21 für Personenkarten vorgesehenen. Dies schien sich um so mehr zu empfehlen, als die in einzelnen Tarifen schon bisher in diesem Sinne gegebenen Vorschriften bezüglich ihrer Zulässigkeit nicht bedenkenfrei sind. Der bisherige Absatz 4 ist nunmehr Absatz 5 geworden.

Im § 28

ist als **Absatz** 3 folgende neue Bestimmung aufgenommen: „In der ersten, zweiten und dritten Wagenklasse steht dem Reisenden nur der über und unter seinem Sitzplatze befindliche Raum zur Unterbringung von Handgepäck zur Verfügung. Die Sitzplätze dürfen hierzu nicht verwendet werden." — Diese zur Verhütung von Uebergriffen der Reisenden bei Unterbringung ihres Handgepäcks bestimmte Vorschrift ist einem Zusatz im Theil I des Personentarifes entnommen.

Dem § 29

Absatz 4 ist am Schlusse hinzugefügt: „Auch ist Begleitern von Gefangenentransporten die Mitführung geladener Schusswaffen unter der Voraussetzung gestattet, dass die Beförderung in besonderen Wagen oder Wagenabtheilungen erfolgt." — Hierdurch ist eine vielfach bestehende Uebung sanktionirt, die einem bestehenden Bedürfniss zu entsprechen scheint.

Zu § 30.

Im **Absatz** 3 ist auf Wunsch der Interessenten neu bestimmt, dass auch „Jagdhunde" in Käfigen, Kisten, Säcken und dergl. zur Beförderung als Reisegepäck angenommen werden können.

Im **Absatz** 5 ist die bisherige Vorschrift, wonach es den Eisenbahnen überlassen ist, die Bedingungen für die Annahme der im § 50, B 2 bezeichneten Gegenstände als Reisegepäck festzusetzen, materiell unverändert geblieben. Nur ist in dieser Hinsicht, der auch sonst üblichen Ausdrucksweise entsprechend, auf die „Tarife" verwiesen. Durch die neu hinzugefügte Bestimmung der sinngemässen Anwendbarkeit der §§ 81 Absatz 2 und 3 und 84 Absatz 4 ist den Eisenbahnen ausserdem auf Grund des § 462 des Handelsgesetzbuches die Befugniss ertheilt, im Tarife den Schadensersatz für Verlust oder Beschädigung von Kostbarkeiten, Kunstgegenständen, Geld oder Werthpapieren, auch wenn sie als Reisegepäck befördert werden, vorbehaltlich der Fälle von Vorsatz oder grober Fahrlässigkeit, auf einen Höchstbetrag zu beschränken. Von seiten der betheiligten Industrie sind hiergegen Bedenken nicht erhoben worden.

In den § 31

ist als Absatz 1 folgende neue Bestimmung an Stelle der bisherigen aufgenommen: „Das Reisegepäck muss sicher und dauerhaft verpackt sein. Bei mangelnder oder ungenügender Verpackung kann es zurückgewiesen werden. Wird derartiges Gepäck zur Beförderung angenommen, so ist die Eisenbahn berechtigt, auf dem Gepäckschein einen entsprechenden Vermerk zu machen. Die Annahme des Gepäckscheines mit dem Vermerke gilt als Anerkenntniss dieses Zustandes durch den Reisenden." — Dadurch ist, den Bedürfnissen des Verkehres entsprechend, die sinngemässe Anwendung der Bestimmungen des § 58 in Verbindung mit § 77 Ziffer 2 auf das Reisegepäck sanktionirt.

Absatz 2 entspricht dem bisherigen zweiten und dritten Satze des Paragraphen.

§ 32

hat folgenden neuen Absatz 7 erhalten: „Für die Abfertigung von Fahrrädern können durch die Tarife besondere Vorschriften gegeben werden." — Die massenhafte Aufgabe von Fahrrädern als Reisegepäck und die Eigenart dieses Beförderungsgegenstandes erheischen besondere, von den Bestimmungen dieses Paragraphen mehrfach abweichende Vorschriften, die bei der gegenwärtigen Sachlage am geeignetsten durch die Tarife getroffen werden. Hierzu bedarf es aber im Hinblick auf Absatz 3 der Eingangsbestimmungen einer besonderen Ermächtigung in der Verkehrsverordnung selbst.

Zu § 34.

In **Absatz 1, 2 und 3** sind nur rein formale Fassungsänderungen im Anschluss an die Ausdrucksweise der konnexen Bestimmungen des neuen Handelsgesetzbuches (§ 465) vorgenommen.

Der **neue Absatz 4** gründet sich darauf, dass es im Handelsgesetzbuche (§ 465 Absatz 2) der Verkehrsordnung überlassen ist, zu bestimmen, inwieweit die Entschädigung für den Fall des Verlustes oder der Beschädigung von Reisegepäck, das zur Beförderung aufgegeben ist, auf einen Höchstbetrag beschränkt werden kann. Wenn es einerseits mit Rücksicht auf die wechselnden Bedürfnisse des Verkehres angezeigt erschien, diese Befugniss auf die Tarife zu übertragen, so soll eine derartige Tarifbestimmung doch andererseits, im Hinblick auf die Wichtigkeit der Maassregel, an die Mitwirkung der Landes- und der Reichsaufsichtsbehörde gebunden sein.

Der **neue Absatz 5** gibt den bisherigen Absatz 4 unverändert wieder.

Absatz 6 entspricht seinem Inhalte nach dem bisherigen Absatze 5. Der Wortlaut ist aber dem konnexen § 465 Absatz 3 des Handelsgesetzbuches möglichst genau angepasst.

§ 36

hat unter Beibehaltung des wesentlichen Inhaltes der bestehenden Vorschriften eine den Wortlaut des Handelsgesetzbuches § 466 thunlichst berücksichtigende Fassung erhalten.

§ 37

lautet nunmehr:

„Gepäckträger."

„Auf den Stationen sind, soweit ein Bedürfniss besteht, Gepäckträger zu bestellen, die unter Verantwortlichkeit der Eisenbahnverwaltung im Sinne von § 34 Absatz 1 und 4 dieser Ordnung auf Verlangen der Reisenden deren Reise- und Handgepäck im Stationsbereiche nach und von den Wagen, Abfertigungsstellen usw. zu schaffen haben. Die Gepäckträger müssen durch Dienstabzeichen erkennbar und mit einer gedruckten

Dienstanweisung nebst Gebührentarif versehen sein. Sie haben auf Verlangen ....." usw. wie bisher § 37 (1) Satz 2 und 3.

Wie hieraus ersichtlich, sind nur die von Gepäckträgern handelnden beiden ersten Absätze des bisherigen § 37, und zwar mit wesentlichen Aenderungen, in den neuen Paragraphen gleicher Nummer aufgenommen. Es entspricht den berechtigten Anforderungen des Verkehres wie auch einer fast allgemein beobachteten Uebung, wenn nicht, wie in der bisherigen Fassung, die Zulassung von Gepäckträgern auf den Stationen der Willkür der Eisenbahn überlassen, sondern ihr, soweit ein Bedürfniss vorliegt, die Bestellung dieses Personals zur Pflicht gemacht wird. Sind hiernach die Gepäckträger, auch soweit sie einen zwar von der Eisenbahn nicht übernommenen, aber mit der Beförderung des Reisegepäcks eng zusammenhängenden Transport besorgen, als Bedienstete der Verwaltung zu betrachten, so musste es für angemessen erachtet werden, der Eisenbahn die Haftpflicht für ihr Personal auch in dieser Hinsicht in gleichem Umfange wie beim Frachtvertrage aufzuerlegen. Eine solche Erweiterung der Haftpflicht schien um so weniger bedenklich, als die Gepäckträger meist Kaution bestellt haben, an der die Eisenbahnen sich schadlos halten können.

Der neue § 38
lautet:
„Aufbewahrung des Gepäcks".

„Auf grösseren Stationen müssen Einrichtungen bestehen, welche es dem Reisenden ermöglichen, sein Gepäck gegen eine festgesetzte Gebühr zur vorübergehenden Aufbewahrung niederzulegen. Die Verwaltung haftet in diesem Falle als Verwahrer."

Diese Bestimmung gibt den Inhalt des von der Aufbewahrung des Gepäcks handelnden dritten Absatzes des bisherigen § 37 in erheblich veränderter Fassung wieder. Es schien dem Wesen dieser Einrichtung und den Bedürfnissen des Verkehres gleichmässig zu entsprechen, wenn die Eisenbahn, welche die ihr zur Pflicht gemachte vorübergehende Aufbewahrung des Reisegepäcks durch ihre Bediensteten und in ihren Diensträumen übernimmt, die Verantwortlichkeit für die Ausführung zu tragen hat. Nach der Natur des thatsächlichen Verhältnisses kann die Haftung hier nur die des Verwahrers sein.

Bestimmungen, wie sie der bisherige § 38 enthält, betreffend die Behandlung von Sachen, die im örtlichen Bezirke oder in den Wagen der Eisenbahn gefunden werden, sind in die neue Ordnung nicht aufgenommen. Nachdem die Verkehrsordnung als eine zur Ausführung der Vorschriften des Handelsgesetzbuches über das Transportgeschäft auf der Eisenbahn bestimmte Rechtsordnung erklärt worden ist, konnten gefundene Gegenstände betreffende Festsetzungen, die eine Ausführung der Vorschriften der Artikel 978 bis 982 des Bürgerlichen Gesetzbuches enthalten würden und mit dem Transportgeschäfte nur in einem ganz äusserlichen Zusammenhange stehen, als in den Rahmen dieser Ordnung gehörig, fernerhin nicht betrachtet werden.[4])

Die §§ 42 Absatz 7 und 48 Absatz 2

enthalten je eine rein formale Aenderung, indem in ersterer Stelle statt „unter falscher Deklaration" gesetzt ist: „unter unrichtiger Bezeichnung" und in letzterer Stelle für „Deklaration" ... „Angabe".

Zu § 50.

Unter A 4 sind die in Klammer gesetzten Citate der Anlage B weggefallen, weil sie vermöge des allgemeinen Hinweises im Eingange dieser Ziffer entbehrlich sind und bei den häufigen Aenderungen der Anlage B zu Weiterungen führen.

Unter B 2 Absatz 2 ist wie bisher den Bahnen die Bestimmung darüber freigestellt, unter welchen Bedingungen gewisse besonders hochwertige Gegenstände zur Beförderung angenommen werden. Nur ist, der Absicht der Vorschrift entsprechend und im Anschluss an die auch sonst übliche Ausdrucksweise, statt der bisherigen Verweisung auf „die besonderen Vorschriften jeder Eisenbahn" gesagt, dass diese Bestim-

---

[4]) Von einer anderen Anschauungsweise scheinen die Artikel in Nr. 62 u. 63 des Jahrg. 1898 der Vereins-Zeitung auszugehen.

mung durch „die Tarife" zu erfolgen hat. Wegen der den Bahnen weiter zuerkannten Befugniss, den Ersatz für einen Theil der hier aufgeführten Gegenstände auf einen Höchstbetrag zu beschränken, ist auf den neuen Absatz 2 des § 81 verwiesen.

Die nach der bisherigen Fassung auf Lokomotiven, Tender und Dampfwagen, die auf eigenen Rädern laufen, beschränkte Vorschrift unter B 4 ist, soweit sie sich auf den lauffähigen Zustand bezieht, in theilweiser Anlehnung an die im deutschen Eisenbahngütertarife Theil I zu § 50 B 4 unter IV getroffenen Bestimmungen, auf alle Eisenbahnfahrzeuge ausgedehnt. Die betreffende Stelle lautet jetzt: „4. Eisenbahnfahrzeuge, sofern sie auf eigenen Rädern laufen. Sie müssen sich in lauffähigem Zustande befinden. Lokomotiven, Tender und Dampfwagen müssen von einem sachverständigen Beauftragten des Absenders begleitet sein."

Unter C ist das Verbot, bedingungsweise zur Beförderung zugelassene Gegenstände bahnlagernd zu stellen, aus Theil I des deutschen Gütertarifes als hierher gehörig aufgenommen. Die entsprechende Sonderbestimmung unter Nummer XXXV a lit. B Absatz 5 der Anlage B ist nunmehr als durch die allgemeine Vorschrift im § 50 C ersetzt weggefallen.

Zu § 51.

In lit. f ist nach dem Vorgange des neuen Handelsgesetzbuchs § 463 der Ausdruck „Deklaration" durch „Angabe" ersetzt.

Lit. g lautet jetzt: „Die Angabe, ob die Sendung als Eilgut oder als Frachtgut zu befördern ist (§ 56)." Diese Fassungsänderung ist dadurch erforderlich geworden, dass nach den Bestimmungen des Nachtrages I zum deutschen Eisenbahngütertarife Theil I § 3 und 4 der allgemeinen Tarifvorschriften und lit. a der Güterklassifikation die Gegenstände des Spezialtarifs für bestimmte Eilgüter auch bei der Aufgabe als Eilgut nur die Sätze für Frachtgut zu bezahlen haben.

Zu § 52.

Absatz 1 hat Aenderungen am Texte nicht erfahren. Wegen einiger Modifikationen der hier angezogenen Frachtbriefformulare siehe am Schlusse dieser Mittheilung. Zum Aufbrauch der alten Formulare hat das Reichseisenbahnamt mit Ermächtigung des Bundesrathes eine Frist bis einschliesslich 31. Dezember 1900 gesetzt.[5])

Zu **Absatz 5** ist nach dem Vorgange des Pariser Zusatzübereinkommens vom 16. Juni 1898 im **zweiten Satz** das Aufdrucken des weiteren Vermerkes „im Auftrage des N. N." auf die Rückseite des Frachtbriefes gestattet und im **dritten Satz** bestimmt worden, dass sich die Vermerke nur auf die ganze Sendung beziehen dürfen. Auch ist die bisherige Vorschrift am Ende dieses Absatzes, betreffend eine in der Reblauskonvention vorgesehene Erklärung, als auf den internationalen Verkehr bezüglich und an dieser Stelle leicht zu Missverständnissen führend gestrichen worden.

Im **Absatz 7**, welcher von der Aufnahme mehrerer Gegenstände in denselben Frachtbrief handelt, hat der **dritte Satz** eine seinen Sinn nicht verändernde redaktionelle Verbesserung erfahren. — Der **letzte Satz**, dessen bisheriger Fassung zufolge den vom Absender aufzuladenden oder vom Empfänger abzuladenden Gütern besondere, andere Gegenstände nicht umfassende Frachtbriefe beizugeben sind, lautet nunmehr: „**Den nach den Vorschriften dieser Ordnung oder des Tarifes oder nach besonderer Vereinbarung** vom Absender aufzuladenden oder vom Empfänger abzuladenden Gütern sind besondere . . . . ." usw. wie bisher. Die gesperrt gedruckten Worte, die einen Hinweis darauf enthalten, durch welchen Vorgang die Frage der Verpflichtung zum Auf- und Abladen geregelt sein muss, damit die in Rede stehende Bestimmung Anwendung findet, sind bei der Neuredaktion dieser Ordnung ebenmässig auch an den entsprechenden Stellen der §§ 54 Absatz 4, 56 Absatz 1 und 6, 69 Absatz 1, 2 und 5, 77 Absatz 1 und 3 (vergl. auch Absatz 6) aufgenommen worden. Thatsächlich sind über jene Verpflichtung für gewisse Güter schon durch die Verkehrsordnung

---

[5]) Siehe die Bekanntmachung vom 1. November 1899 im Centralblatt für das Deutsche Reich Nr. 45.

selbst Vorschriften erlassen, nämlich für Thiere im § 44 Absatz 5, und für verschiedene bedingungsweise zur Beförderung zugelassene Gegenstände in Anlage B Nr. VII Absatz 2, XV Ziffer 4 und 5, XVI, XVII, XVIII, XXV, XXXIV, XXXV a D und J, LII, Ziffer 1. Im übrigen enthält der Gütertarif, Theil I, die für das Auf- und Abladen maassgebenden Bestimmungen (unter B II §§ 44 und 45). Dass aber unter Umständen auch b e s o n d e r e V e r e i n b a r u n g e n über diesen Gegenstand zulässig sind, ergibt sich aus Handelsgesetzbuch § 459 Ziffer 3 und Verkehrsordnung § 77 Ziffer 3.

Zu § 53.

A b s a t z 1 ist in genauem Anschluss an die konnexe Bestimmung im Handelsgesetzbuch § 426 Absatz 3 dahin ergänzt, dass der Absender nicht nur für die Richtigkeit, sondern auch für die „Vollständigkeit" der Angaben des Frachtbriefes haftet.

Im A b s a t z 3 lautet nunmehr der letzte Satz: „Einem Antrag auf bahnseitige Gewichtsfeststellung ist es i n a l l e n F ä l l e n, w o d i e F r a c h t t a r i f m ä s s i g n a c h d e m G e w i c h t b e r e c h n e t w i r d, gleichzuachten, wenn der Absender im Frachtbriefe kein Gewicht angegeben hat." Die Einschaltung der gesperrt gedruckten Worte beschränkt die durch die betreffende Vorschrift aufgestellte Vermuthung auf die in der Absicht des Versenders liegenden Fälle. Sie erschien nothwendig, um die Anwendung dieser Vorschrift auf Sendungen der bezeichneten Art, insbesondere Thiersendungen auszuschliessen und es trotz der Bestimmung in Absatz 13 a dieses Paragraphen zu ermöglichen, dass bei Ueberlastung der Wagen durch solche Sendungen der im Absatz 11 a. E. (neue Fassung) vorgesehene Frachtzuschlag erhoben wird.

Im A b s a t z 8 ist statt „Deklaration" ohne Aenderung des Sinnes gesetzt: „Inhaltsangabe".

Im A b s a t z 9 sind, gleichfalls dem Sinne des bisherigen Textes entsprechend, nach dem Vorgange der neuen Fassung des § 3 der Ausführungsbestimmungen zum Internationalen Uebereinkommen durch das Pariser Zusatzübereinkommen, hinter „Fracht" die Worte eingeschaltet: „von der Aufgabe- bis zur Bestimmungsstation."

In Absatz 10 und 11 ist der gleiche Zusatz gemacht. Auch ist im Absatz 11 a. E. beigefügt: „Diese Bestimmung ist auch auf solche Gegenstände, deren Fracht tarifmässig nicht nach dem Gewichte berechnet wird, sinngemäss anzuwenden. Ist insbesondere die Fracht nach der Ladefläche zu berechnen, so erfolgt die Ermittelung des Frachtzuschlages in der Weise, dass zunächst die nach der Ladefläche des verwendeten Wagens berechnete Fracht als Fracht für das im einzelnen Falle zulässige höchste Belastungsgewicht angesehen, der sich hiernach für das höchste Belastungsgewicht ergebende Frachtbetrag sodann verhältnissmässig auf das Uebergewicht übertragen und der für das Uebergewicht gefundene Frachtbetrag sechsfach genommen wird." Dieser Zusatz hat vorzugsweise Thiersendungen im Auge, vergl. oben zu Absatz 3.

Zu § 54.

Im Absatz 4 ist mit Rücksicht auf das zu § 52 Absatz 7 Ausgeführte auch der Fälle gedacht, für welche das Aufladen durch den Absender in der Verkehrsordnung vorgeschrieben ist.

Im Absatz 7 ist, dem Sinne der bisherigen Bestimmung entsprechend, zum Ausdrucke gebracht, dass der Ersatz des Frachtbriefduplikats durch einen Aufnahmeschein nur mit Zustimmung des Absenders zulässig ist.

Zu § 56.

Absatz 1 lautet in der neuen Fassung: „Das Gut muss in den von der Eisenbahn festzusetzenden Dienststunden aufgeliefert und, falls die Verladung nach den Vorschriften dieser Ordnung oder des Tarifes oder nach besonderer Vereinbarung dem Absender obliegt, innerhalb derselben verladen werden. Bei einer nach und nach stattfindenden Auflieferung der mit demselben Frachtbriefe aufgegebenen von der Eisenbahn zu verladenden Sendung ist, sofern die Auflieferung durch den Absender über 24 Stunden verzögert wird, die Eisenbahn berechtigt, ein im Tarife festzusetzendes Lagergeld zu erheben. Dasselbe gilt in dem Falle, wenn **von der Eisenbahn zu verladende** Güter mit unvollständigem oder unrichtigem Frachtbriefe aufgeliefert sind und die Berichtigung nicht binnen 24 Stunden nach der Beanstandung erfolgt. Wegen der Anfuhr der Güter durch Rollfuhrunternehmer der Eisenbahn s. § 68." — Im **ersten Satz** hiess es bisher statt der gesperrt gedruckten Worte: „tarifmässig"; die Gründe der Aenderung sind bereits zu § 52 Absatz 7 erörtert. Im **zweiten** und im **dritten Satz** ist der Ansatz von **Lagergeld**, einer schon jetzt allgemein bestehenden Uebung entsprechend, auf solche Güter beschränkt, die von der Eisenbahn zu verladen sind, während unter sonst gleichen Voraussetzungen bei Gütern, welche der Absender zu verladen hat, gemäss Absatz 7 Wagenstandgeld berechnet wird.

Absatz 2 ist nunmehr wie folgt gefasst: „Die Beförderung erfolgt, je nach der Bestimmung im Frachtbriefe, **als Eilgut oder als Frachtgut**." Bisher hiess es: „in Eilfracht oder in gewöhnlicher Fracht"; wegen der Gründe der Aenderung wird auf das zu § 51 g Bemerkte verwiesen.

Absatz 4 ist ohne Aenderung des Sinnes dem Wortlaute des Handelsgesetzbuchs § 453 Absatz 3 und 4 genau angepasst.

Im **Absatz 6** lautet nunmehr der Eingang, im Anschlusse an die neue Fassung des ersten Satzes des Absatzes 1: „Die Bereitstellung der Wagen für solche Güter, deren Verladung der Absender selbst zu besorgen hat (s. Absatz 1), muss" usw. wie bisher.

Absatz 7 hat mit Rücksicht auf die im Absatz 1 zweiter und dritter Satz vorgenommenen Aenderungen folgende Fassung erhalten: „Erfolgt die Auflieferung und Verladung nicht innerhalb dieser Frist, so hat der Absender nach deren Ablauf das im Tarife festzusetzende Wagenstandgeld zu bezahlen. Dasselbe gilt in dem Falle, wenn Güter, die von dem Absender zu verladen sind (s. Absatz 1), mit unrichtigem oder unvollständigem Frachtbriefe aufgeliefert werden und die Berichtigung nicht innerhalb der festgesetzten Ladefrist erfolgt. Auch ist die Eisenbahn berechtigt, den Wagen auf Kosten des Bestellers zu entladen und das Gut auf dessen Gefahr und Kosten auf Lager zu nehmen. Bei Bestellung des Wagens ist auf Verlangen der Eisenbahn eine den Betrag einer Tagesversäumniss deckende Sicherheit zu bestellen. Wenn die Eisenbahn fest zugesagte Wagen nicht rechtzeitig stellt, so hat sie dem Besteller eine dem Wagenstandgelde entsprechende Entschädigung zu zahlen."

Als **Absatz 8** sind, zur Ausfüllung einer zur Zeit bestehenden Lücke, für das Ruhen der Auflieferungs- und Beladefristen an Sonn- und Festtagen sowie während einer zoll- oder steueramtlichen Abfertigung ähnliche Bestimmungen vorgesehen, wie sie im § 69 Absatz 4 für die Entlade- und Abholungsfristen getroffen sind, nämlich: „Der Lauf der in den Absätzen 1 und 7 vorgesehenen Fristen ruht an Sonn- und Festtagen sowie für die Dauer einer zoll- oder steueramtlichen Abfertigung, sofern diese nicht durch den Absender verzögert wird. Der Absender hat die Dauer der Abfertigung nachzuweisen."

Zu § 58.

Im **Absatz 1** lautet nunmehr der Eingang: „Soweit die Natur des Frachtgutes zum Schutze gegen Verlust, **Minderung** oder Beschädigung auf dem Transport eine Verpackung nöthig macht, liegt . . ." usw. wie bisher. Durch die Einschaltung des Wortes „Minderung" ist am Sinne der bisherigen Vorschrift nichts geändert.

Im **Absatz 2** ist als vorletzter Satz folgende Bestimmung aufgenommen: „Sofern ein Absender gleichartige der Verpackung bedürftige Güter unverpackt oder mit denselben Mängeln der Verpackung auf der gleichen Station aufzugeben pflegt, kann er an Stelle der besonderen Erklärung für jede Sendung ein für alle Mal eine allgemeine Erklärung nach dem in der Anlage F vorgeschriebenen Formular abgeben. In diesem Falle muss der Frachtbrief ausser der oben vorgesehenen Anerkennung einen Hinweis auf die der Versandstation abgegebene allgemeine Erklärung enthalten." — Derartige „Generalreverse" sind seit langer Zeit thatsächlich im Gebrauch und auch für das Internationale Uebereinkommen (neue Fassung des § 4 der Ausführungsbestimmungen) in Aussicht genommen. Das Formular entspricht genau dem internationalen Muster.

Zu § 61.

Absatz 1 hat einen den neuen internationalen Ausführungsbestimmungen (§ 5 Absatz 2) nachgebildeten zweiten Satz erhalten und lautet nunmehr: „Werden die Frachtgelder nicht bei der Aufgabe des Gutes zur Beförderung berichtigt, so gelten sie als auf den Empfänger angewiesen. Die Versandstation hat im Falle der Ausstellung eines Frachtbriefduplikats auch in diesem die frankirten Gebühren, welche von ihr in den Frachtbrief eingetragen wurden, zu spezifiziren."

Absatz 4 hat folgende Fassung erhalten: „Wurde der Tarif unrichtig angewendet oder sind Rechnungsfehler bei der Festsetzung der Fracht und der Gebühren vorgekommen, so ist das zu wenig Geforderte nachzuzahlen, das zu viel Erhobene zu erstatten und zu diesem Zwecke dem Berechtigten thunlichst bald Nachricht zu geben. Zur Geltendmachung von Frachterstattungsansprüchen ist der Absender oder Empfänger berechtigt, je nachdem der eine oder der andere die Mehrzahlung an die Eisenbahn geleistet hat. Zur Nachbezahlung zu wenig erhobener Frachtbeträge ist nach Auslieferung des Gutes derjenige verpflichtet, welcher die Fracht bezahlt oder nach Absatz 3 hinterlegt hat. § 90 Absatz 1 findet auf die in diesem Absatz erwähnten Ansprüche keine Anwendung."

Der erste und der letzte Satz entsprechen den bisherigen Bestimmungen am gleichen Orte, während die Vorschriften über Verjährung von Ansprüchen aus unrichtiger Frachtberechnung mit modifizirter Fassung in die neuen Absätze 5 bis 7 verwiesen sind. Hinzugefügt sind im zweiten und im dritten Satz Bestimmungen über die in der Praxis streitig gewordene Frage, ob der Absender oder aber der Empfänger zu derartigen Ansprüchen aktiv und passiv legitimirt ist. Die im § 73 Absatz 1 getroffenen allgemeinen Bestimmungen über die Geltendmachung der aus dem Frachtvertrag entspringenden Rechte gegen die Eisenbahn können der ihr zu Grunde liegenden Absicht nach auf solche Ansprüche, die sich auf die Berichtigung eines Irrthums in der Frachtberechnung stützen, keine Anwendung finden. Es entspricht vielmehr dem

Wesen dieses Rechtsverhältnisses und ist deshalb zur Vermeidung von Missverständnissen ausdrücklich vorgesehen, dass der Anspruch auf Erstattung zuviel bezahlter Fracht demjenigen zusteht, welcher die Mehrzahlung geleistet hat. Nicht minder verlangt bezüglich der Passivlegitimation die Natur der Sache, dass zur Nachzahlung zu wenig erhobener Frachtbeträge derjenige für verpflichtet zu erachten ist, der die Fracht bezahlt oder nach Absatz 3 dieses Paragraphen hinterlegt hat. Indess ist für den Fall, dass die zu niedrige Berechnung des Franko noch vor Ablieferung des Gutes entdeckt wird, entsprechend der bisherigen Praxis davon ausgegangen, dass es der Eisenbahn je nach Befinden gestattet sein soll, den Fehlbetrag anstatt der Nacherhebung vom Absender als überwiesene Fracht in Ansatz zu bringen und unter Geltendmachung ihres Rückbehaltungs- oder Pfandrechts vom Empfänger zu erheben. Dies ist durch die Worte „nach Auslieferung des Gutes" im letzten Satze des Absatzes 4 zum Ausdruck gekommen.

Als Absätze 5—7 sind bezüglich der Verjährung derartiger Ansprüche folgende neue Vorschriften aufgenommen:

„Ansprüche der Eisenbahn auf Nachzahlung zu wenig erhobener Fracht oder Gebühren sowie Ansprüche gegen die Eisenbahn auf Rückerstattung zu viel erhobener Fracht oder Gebühren (Absatz 4) verjähren in einem Jahre. Die Verjährung beginnt mit dem Ablaufe des Tages, an welchem die Zahlung erfolgt ist."

„Die Verjährung des Anspruches auf Rückerstattung zu viel erhobener Fracht oder Gebühren wird durch die schriftliche Anmeldung des Anspruches bei der Eisenbahn gehemmt. Ergeht auf die Anmeldung ein abschlägiger Bescheid, so beginnt der Lauf der Verjährungsfrist wieder mit dem Ablaufe desjenigen Tages, an welchem die Eisenbahn ihre Entscheidung dem Anmeldenden schriftlich bekannt macht und ihm die der Anmeldung etwa angeschlossenen Beweisstücke zurückstellt. Weitere Gesuche, die an die Eisenbahn oder an die vorgesetzten Behörden gerichtet werden, bewirken keine Hemmung der Verjährung."

„Hinsichtlich der Unterbrechung der Verjährung bewendet es bei den allgemeinen gesetzlichen Vorschriften."

Die neuen Festsetzungen schliessen sich den bezüglichen Vorschriften des Internationalen Uebereinkommens im Artikel 12 Absatz 4 (neue Fassung) so genau an, als dies der den letzteren im allgemeinen nachgebildete § 470 H.-G.-B. gestattet.

Zu § 64.

Absatz 1 ist wie folgt neu gefasst: „Der Absender allein hat das Recht, die Verfügung zu treffen, dass das Gut auf der Versandstation zurückgegeben, unterwegs angehalten oder an einen anderen, als den im Frachtbriefe bezeichneten Empfänger am Bestimmungsort oder auf einer Zwischenstation **oder auf einer über die Bestimmungsstation hinaus oder seitwärts gelegenen Station** abgeliefert werde. Anweisungen des Absenders wegen nachträglicher Auflage, Erhöhung, Minderung oder Zurückziehung von Nachnahmen sowie wegen nachträglicher Frankirung können nach dem Ermessen der Eisenbahn zugelassen werden. Nachträgliche Verfügungen oder Anweisungen anderen als des angegebenen Inhalts sind unzulässig." — Der **erste Satz** entspricht im allgemeinen dem bisherigen Absatz 1; nur sind die gesperrt gedruckten Worte nach dem Vorgange des Internationalen Uebereinkommens (Artikel 15 Absatz 1 neue Fassung) beigefügt. Auch der neue **zweite** und **dritte Satz** sind dem letzteren nachgebildet. Der zweite Satz enthält zugleich die wesentlichen Bestimmungen des bisherigen Absatzes 9, der deshalb nunmehr weggefallen ist. Durch den dritten Satz sind gewisse in der Theorie hervorgetretene Meinungsverschiedenheiten beseitigt.

Der neuen Fassung des Absatzes 1 entsprechend ist auch das im **Absatz 6** angezogene **Formular G**, das an die Stelle des bisherigen Formulars F tritt, redigirt, und zwar gleichfalls in engem Anschluss an das neue internationale Muster.

Im **Absatz 2** ist — ohne Aenderung des Sinnes — die Fassung der Ausdrucksweise des konnexen Handelsgesetzbuchs § 455 Absatz 2 angepasst, indem namentlich statt „vorzeigen" und „vorweisen" des Frachtbriefduplikats „vorlegen" gesetzt ist.

Dass die im **Absatz 5** der Eisenbahn gegebenen Vorschriften wegen Ausführung nachträglicher Anweisungen (Absatz 1) „unbeschadet des ihr bei Nachnahmen und Frankaturen zustehenden Ermessens" aufzufassen sind, ist zur Vermeidung von Missverständnissen ausdrücklich beigefügt.

Im **Absatz 8** ist der Klammerausdruck „(Reugeld)" gestrichen, weil er leicht zu der irrigen Annahme führen könnte, als handle es sich um eine Entschädigung für die Aenderung oder Aufhebung des Frachtvertrages.

Zu § 65.

Absatz 1 lautet nunmehr im Eingang: „Wird der Antritt oder die Fortsetzung des Eisenbahntransports **ohne Verschulden des Absenders zeitweilig verhindert**" ... usw. wie bisher. — Die gesperrt gedruckten Worte, welche an Stelle des bisherigen Ausdruckes: „durch höhere Gewalt oder Zufall verhindert" getreten sind, entsprechen dem Wortlaut des § 428 Absatz 2 des Handelsgesetzbuchs.

Zu § 66.

Der Eingang des **Absatzes 1** hat folgende Fassung erhalten: „Die Eisenbahn ist verpflichtet, am Bestimmungsorte dem bezeichneten Empfänger gegen Bezahlung ihrer durch den Frachtvertrag begründeten Forderungen und"- usw. — Eine dem bisherigen Absatz 1 entsprechende Vorschrift über die Verpflichtung der Eisenbahn zur Ablieferung des Gutes und die ihr zustehenden Gegenforderungen, wie sie auch in dem bisherigen Artikel 403 des Handelsgesetzbuchs Ausdruck gefunden hatte, ist zwar, als bereits aus § 435 (s. auch Absatz 2 des gegenwärtigen Paragraphen in Verbindung mit § 868 des Bürgerlichen Gesetzbuchs) hervorgehend, in das neue Handelsgesetzbuch nicht aufgenommen: Denkschrift zu der Reichstags-Drucksache Nr. 632 1897 S. 260. Gleichwohl ist im Hinblick auf den ausführenden Charakter der Verkehrsordnung eine derartige Bestimmung als Absatz 1 beibehalten. Nur sind zur Vermeidung eines anscheinenden Widerspruches mit dem Texte des Absatzes 2 die Worte „gegen Bezahlung der im Frachtbrief ersichtlich gemachten Beträge" im Absatz 1 durch den Ausdruck „gegen Bezahlung ihrer durch den Frachtvertrag begründeten Forderungen" ersetzt. Wegen des Verhältnisses dieser Bestimmungen zu denen des § 67 s. die Bemerkungen zu diesem.

Im **Absatz 2 a. E.** ist, der konnexen Bestimmung im Handelsgesetzbuch § 435 entsprechend, das Wort „Verfügung" durch „Anweisung" ersetzt. Der Sinn hat dadurch keine Aenderung erfahren.

Absatz 3 lautet nunmehr: „Als Ort der Ablieferung gilt, **vorbehaltlich der Festsetzungen im § 68 Absatz 1 bis 3**, die vom Absender bezeichnete Bestimmungsstation. Soll nach der Vorschrift des Frachtbriefes das Gut an einem an der Eisenbahn gelegenen Orte abgegeben werden oder liegen bleiben, so gilt, auch wenn im Frachtbrief ein anderweiter Bestimmungsort angegeben ist, der Transport als nur bis zu jenem ersteren, an der Bahn liegenden Orte übernommen, und die Ablieferung hat an diesem zu erfolgen." — Im **ersten Satz** sind die gesperrt gedruckten Worte eingeschaltet, weil nach den Bestimmungen des § 68 Absatz 1 bis 3 im Falle bahnseitig bestellter Rollfuhrunternehmer oder eingerichteter Güternebenstellen der Ort der Ablieferung ein anderer sein kann, als die vom Absender bezeichnete Bestimmungsstation. Als zweiter Satz ist die hierher gehörige Bestimmung im bisherigen Absatz 3 des § 76 mit einer ihrer neuen Stellung entsprechenden Fassungsänderung beigefügt. Näheres hierwegen in den Bemerkungen zum § 76.

Als **Absatz 4** ist am Schlusse folgende neue Bestimmung hinzugefügt: „Die Empfangsbahn hat bei der Ablieferung alle durch den Frachtvertrag begründeten Forderungen, insbesondere Fracht und Nebengebühren, Zollgelder und andere zum Zwecke der Ausführung des Transports gehabte Auslagen sowie die auf dem Gute haftenden Nachnahmen und sonstigen Beträge einzuziehen, und zwar sowohl für eigene Rechnung als auch für Rechnung der vorhergehenden Eisenbahnen und sonstiger Berechtigter. Die Empfangsbahn hat gegebenenfalls das Pfandrecht der Eisenbahn an dem Gute (H.-G.-B. §§ 440 ff.) geltend zu machen." — Der **erste Satz** enthält eine im wesentlichen dem Artikel 20 des Internationalen Uebereinkommens nachgebildete Anwendung der Eingangsbestimmung des Handelsgesetzbuchs

§ 441 im Eingang auf das Frachtgeschäft der Eisenbahnen. Bezüglich des dabei in Frage kommenden Pfandrechts der Eisenbahn am Gut ist auf die handelsgesetzlichen Bestimmungen verwiesen.

§ 67.

lautet nunmehr: „Durch Annahme des Gutes und des Frachtbriefes wird der Empfänger verpflichtet, der Eisenbahn **n a c h M a a s s g a b e d e s F r a c h t b r i e f e s Z a h l u n g z u l e i s t e n**. Vergl. jedoch § 61 Absatz 4 wegen Berichtigung der Frachtansätze." — In der neuen Fassung sind die gesperrt gedruckten Worte des **e r s t e n S a t z e s** im Anschluss an den Wortlaut der entsprechenden Bestimmung des H.-G.-B. § 436 ohne Aenderung des Sinnes an Stelle des bisherigen Ausdruckes „die im Frachtbrief ersichtlich gemachten Beträge zu bezahlen" getreten. Die dem **z w e i t e n S a t z** beigefügten Schlussworte bezwecken lediglich, das Citat leichter verständlich zu machen.

Ueber das Verhältniss der Bestimmung im ersten Satz zu der konnexen im § 66 Absatz 2 (H.-G.-B. § 435), der zufolge die Geltendmachung der Rechte des Empfängers aus dem Frachtvertrage von der „Erfüllung der sich aus dem Frachtvertrag ergebenden Verpflichtungen" abhängig gemacht wird, ist in der Denkschrift zu dem dem Reichstage vorgelegten Entwurfe (Drucksache Nr. 632 1897 S. 261) folgendes bemerkt: „Da es sich im § 428 (jetzt 436) nicht um das Recht des Empfängers auf Auslieferung des Gutes und die dafür von ihm zu gewährende Gegenleistung, sondern lediglich um eine durch Annahme des Frachtbriefes begründete selbständige Verpflichtung des Empfängers handelt, so muss hier, im Gegensatze zum § 427 (jetzt 435), der Inhalt des Frachtbriefes für maassgebend erklärt werden." Uebrigens ist der Gegensatz ein wesentlich formeller, indem der Inhalt des Frachtbriefes regelmässig mit dem des Frachtvertrages zusammenfällt. Vergl. auch die Bemerkungen zu § 66 Absatz 1 und 2.

Zu § 68.

A b s a t z 1 hat folgende Fassung erhalten: „Soweit das Abladen der Güter nach den Vorschriften dieser Ordnung oder des Tarifes oder nach besonderer Vereinbarung der Eisenbahn obliegt, hat diese zu bestimmen, ob die Güter dem Empfänger an seine Behausung zuzuführen sind oder ob ihm über die Ankunft Nachricht zu geben ist. Auf den Stationen, wo hiernach die Güter dem Empfänger zugeführt werden sollen, ist dies durch Aushang an den Abfertigungsstellen bekannt zu machen. Ueber die Ankunft der vom Empfänger abzuladenden Güter ist diesem auf seine Kosten, vorbehaltlich der nachstehend vorgesehenen Ausnahmen, stets Nachricht zu geben. Sie erfolgt nach Wahl der Eisenbahn schriftlich durch die Post oder besonderen Boten, unter Angabe der Frist, innerhalb welcher nach § 69 Absatz 2 das Gut abzunehmen ist, soweit nicht eine andere Art der Benachrichtigung zwischen dem Empfänger und der Eisenbahn schriftlich vereinbart worden ist. Die Benachrichtigung unterbleibt" ... usw. wie bisher. — Die Vorschrift im ersten Satze der alten Ordnung, wonach das Gut „nach Maassgabe der Bestimmung der Eisenbahnen" entweder dem Empfänger an seine Behausung zuzuführen oder ihm über die Ankunft schriftlich Nachricht zu geben ist, schien einer präziseren, die Willkür im Einzelfalle ausschliessenden Fassung zu bedürfen. In dieser ist davon ausgegangen, dass die vom Empfänger abzuladenden Güter gemäss § 69 Absatz 2 auch von ihm abzuholen, somit — abgesehen von den im vorletzten Satze des § 68 Absatz 1 vorgesehenen Ausnahmen — stets zu avisiren sind, dass somit das Wahlrecht der Eisenbahn zwischen Avisirung und Zurollung des Gutes sich auf die von ihr auszuladenden Güter beschränkt. Dabei ist — im Hinblick auf das zu § 52 Absatz 7 Ausgeführte — auch hier darauf hingewiesen, dass darüber, wem das Abladen obliegt, die Verkehrsordnung selbst, eventuell der Tarif oder besondere Vereinbarung entscheidet. Ausserdem ist, anschliessend an eine schon jetzt vielfach bestehende Uebung, eine Bestimmung dahin getroffen, dass bezüglich der hiernach von der Eisenbahn abzuladenden Güter auf denjenigen Stationen, wo sie dem Empfänger zugeführt werden sollen, dies durch Aushang an den Abfertigungsstellen bekannt zu machen ist. Ferner ist in der neuen Fassung des Absatzes 1 zum Ausdruck gebracht, dass die Benachrichtigung in der Regel schriftlich, und zwar — wie bisher —

durch die Post oder durch besondere Boten unter Angabe der tarifmässigen Abnahmefrist zu erfolgen hat, dass aber auch eine andere Art der Benachrichtigung mit dem Empfänger verabredet werden kann, wodurch namentlich für die schon jetzt vielfach übliche Benutzung des Fernsprechers die erforderliche Grundlage geschaffen ist. Die Bestimmung, dass die Benachrichtigung auf Kosten des Empfängers zu erfolgen hat, jedoch ohne eine Ausfertigungsgebühr, ist unverändert geblieben; ebenso die Vorschrift, dass die Benachrichtigung unterbleibt, wenn der Empfänger sie sich verbeten hat, sowie wenn das Gut bahnlagernd gestellt ist. Dagegen ist die — blos auf gewöhnliches Gut bezügliche — Vorschrift, dass die Benachrichtigung spätestens nach Ankunft und Bereitstellung zu erfolgen hat, in den Absatz 2 verwiesen.

Absatz 2 lautet demgemäss nunmehr wie folgt: „Die Benachrichtigung hat bei gewöhnlichem Gute spätestens nach Ankunft und Bereitstellung des Gutes zu erfolgen. Bei Eilgut muss, sofern nicht aussergewöhnliche Verhältnisse eine längere Frist unvermeidlich machen, die Benachrichtigung binnen zwei Stunden, die Zuführung an die Behausung" ... usw. wie bisher zum Schlusse des Absatzes. — Dabei hat die bisherige Fassung noch die weitere Aenderung erfahren, dass — was auch der bisherigen Uebung entspricht — auch Eilgut nicht in, sondern an die Behausung des Empfängers abzuliefern ist.

Absatz 6 hat die nachstehende neue Fassung erhalten: „Müssen Güter den bestehenden Vorschriften zufolge nach den Abfertigungsräumen oder nach Niederlagen der Zoll- oder Steuerverwaltung oder nach sonstigen in den Vorschriften bezeichneten Räumen verbracht werden, so geschieht dies durch die Eisenbahn, auch wenn der Empfänger sich die Selbstabholung vorbehalten hat, es sei denn, dass die Eisenbahn ihm die Vorführung überlässt." — Dadurch ist dem Sinne der bisherigen Bestimmung ein präziserer Ausdruck gegeben, auch in dem Schlusssatz „es sei denn . . ." eine den Interessen der Betheiligten entsprechende Ausnahme von der in der Bestimmung aufgestellten Regel gestattet.

§ 69.

Absatz 1 ist mit Rücksicht auf die zu § 52 Absatz 7 mitgetheilten Gründe wie folgt gefasst: „Die **nach den Vorschriften dieser Ordnung oder des Tarifes oder nach besonderer Vereinbarung** durch die Eisenbahn auszuladenden Güter sind binnen . . ." usw. wie bisher. — Die gesperrt gedruckten Worte sind übrigens dem Zusammenhange nach auch auf die äusserlich unverändert gebliebene Bestimmung des **Absatzes 2** zu beziehen.

Im **Absatz 4** ist der Eingang wie folgt gefasst: „Der Lauf der Entlade- und Abholungsfristen (Absatz 2) ruht während der Sonn- und Festtage sowie für die Dauer einer zoll- oder steueramtlichen Abfertigung . . ." usw. wie bisher. — Durch die neue Fassung soll einem hin und wieder hervorgetretenen Missverständnisse begegnet und klargestellt werden, dass die Bestimmung über Sonn- und Festtage sich nur auf den Lauf der Entlade- und Abnahmefristen, nicht aber auch auf das im Absatz 5 erwähnte Lagergeld und Wagenstandgeld bezieht.

Im zweiten Satz des **Absatzes 5** ist statt des Wortes „tarifmässig" gesetzt: „nach den Vorschriften dieser Ordnung oder des Tarifes oder nach besonderer Vereinbarung". Auch hier waren die zu § 52 Absatz 7 mitgetheilten Erwägungen maassgebend.

Im § 70

lauten nunmehr:

Absatz 1: „Ist der Empfänger des Gutes nicht zu ermitteln, verweigert oder verzögert er die Annahme oder die Abnahme oder ergibt sich ein sonstiges Ablieferungshinderniss, so hat die Empfangsstation den Absender durch Vermittelung der Versandstation von der Ursache des Hindernisses unverzüglich in Kenntniss zu setzen und dessen Anweisung einzuholen. In keinem Falle darf das Gut ohne ausdrückliches Einverständniss des Absenders zurückgesendet werden." — Hierdurch sind die bisherigen Bestimmungen über Ablieferungshindernisse den damit im allgemeinen übereinstimmenden Vorschriften des § 437 des Handelsgesetzbuchs auch im einzelnen soweit angepasst, als dies den Bedürfnissen des Eisenbahnverkehres entspricht. Insbesondere ist hier, wie auch im Absatz 2 die schon im Sinne der bisherigen Bestimmungen liegende Vorschrift, dass bei allen Ablieferungshindernissen in der Regel in erster Reihe die Anweisung des Absenders einzuholen ist, schärfer betont.

Absatz 2: „Ist die Benachrichtigung des Absenders den Umständen nach nicht thunlich oder ist der Absender mit der Ertheilung der Anweisung säumig oder die Anweisung nicht ausführbar, so hat die Eisenbahn das Gut auf Gefahr und Kosten des Absenders auf Lager zu nehmen und dabei die Sorgfalt eines ordentlichen Kaufmannes anzuwenden. Sie ist jedoch nach ihrem Ermessen auch berechtigt, solche Güter unter Nachnahme der darauf haftenden Kosten und Auslagen bei einem öffentlichen Lagerhause oder einem Spediteur für Rechnung und Gefahr dessen, den es angeht, zu hinterlegen." — Wegen der Aenderungen gegenüber der bisherigen Fassung gilt im allgemeinen das schon zu Absatz 1 Bemerkte. Die am Schlusse des bisherigen Absatzes 2 befindliche Vorschrift über Benachrichtigung des Absenders ist nach dem Vorbilde des Handelsgesetzbuchs § 437 in etwas veränderter Gestalt in einen besonderen Absatz 4 verwiesen worden.

Absatz 4: „Von der Hinterlegung und dem vollzogenen Verkaufe des Gutes ist der Absender und der Empfänger unverzüglich zu benachrichtigen, es sei denn, dass dies unthunlich ist. Im Falle der Unterlassung ist die Eisenbahn zum Schadensersatze verpflichtet." — Hier sind nach dem Vorgange des Handelsgesetzbuchs § 437 Absatz 3 die Vorschriften über die Benachrichtigung des Absenders (s. das zu Absatz 2 a. E. Bemerkte) sowie auch des Empfängers von der Hinterlegung oder dem vollzogenen Verkaufe zusammengefasst. Auch ist die im Handelsgesetzbuche vorgesehene Bestimmung wegen der Schadensersatzpflicht der Eisenbahn im Falle der Unterlassung aufgenommen.

§ 72

lautet nunmehr: „Jedem Betheiligten steht, unbeschadet des in dem § 71 vorgesehenen Verfahrens, das Recht zu, die Feststellung einer Beschädigung oder Minderung des Gutes durch

Sachverständige, welche von dem Gericht oder einer anderen zuständigen Behörde ernannt sind, vornehmen zu lassen. Bei diesem Verfahren ist auch dann, wenn die Sachverständigen nicht durch das Gericht ernannt sind, die Eisenbahn zuzuziehen." Hiermit ist neben der in der bisherigen Fassung dieses Paragraphen (übereinstimmend mit § 25 Absatz 4 des Internationalen Uebereinkommens) vorgesehenen Feststellung von Beschädigungen oder Minderungen des Gutes durch gerichtlich bestellte Sachverständige — vergl. Handelsgesetzbuch § 464, Civilprozessordnung (neue Fassung) § 488, Gesetz über die Angelegenheiten der freiwilligen Gerichtsbarkeit § 164 — auch der durch H.-G.-B. § 438 Absatz 3 für zulässig erklärten Feststellung solcher Mängel durch anderweit amtlich bestellte Sachverständige gedacht und, der Natur der Sache entsprechend, die Zuziehung der Eisenbahn auch zu einem derartigen Verfahren vorgesehen. Die bisherige Bezugnahme auf das Verfahren bei Ablieferungshindernissen (§ 70) ist im Entwurf als überflüssig weggefallen

Zu § 73.

Am Schlusse des **Absatzes** 1 ist zur Vermeidung von Missverständnissen hinzugefügt: „Bezüglich der Berechtigung zur Erhebung von Frachterstattungsanträgen vergl. § 61 Absatz 4." Vgl. auch das hierzu auf S. 22/23 Bemerkte.

Absatz 2 enthält in der neuen Fassung a. E. die Worte „es wäre denn, dass er den Nachweis beibringt, dass der Empfänger die Annahme des Gutes verweigert hat." — Dieser Zusatz, wonach zur Aktivlegitimation des Absenders mangels der Beibringung des ausgestellten Frachtbriefduplikats auch der Nachweis genügt, dass der Empfänger die Annahme verweigert hat, ergibt sich schon aus richtiger Auslegung des bisherigen Textes. Die neue Bestimmung ist dem Internationalen Uebereinkommen Artikel 26 Absatz 2 in der Fassung des Pariser Zusatzübereinkommens nachgebildet.

Im **Absatz** 3 ist der bestehenden Uebung, wonach Reklamationen schriftlich anzubringen sind, Ausdruck gegeben. Es ist davon ausgegangen, dass als „schriftlich" erhoben auch ein bei der Eisenbahnverwaltung zu Protokoll gegebener Anspruch zu betrachten ist.

Zu § 74.

In den **Absätzen 1 bis 3**, die im wesentlichen den gegenwärtigen Absätzen 1 bis 4 entsprechen, sind diesen gegenüber nur ganz leichte Fassungsänderungen im Anschluss an den Text der konnexen Bestimmungen der §§ 432 Absatz 1 und 2 und 469 Absatz 1 und 2 des Handelsgesetzbuchs vorgenommen.

Der neue **Absatz 4**, lautend:

„Im Wege der Widerklage oder mittelst Aufrechnung können Ansprüche aus dem Frachtvertrage auch gegen eine andere als die bezeichneten Bahnen geltend gemacht werden, wenn die Klage sich auf denselben Frachtvertrag gründet",

ist, den Bestimmungen des Handelsgesetzbuchs § 469 Absatz 3 und des Internationalen Uebereinkommens Artikel 28 entsprechend, in der Fassung der ersteren Stelle, hinzugefügt.

Durch den weiter neu aufgenommenen **Absatz 5** ist bestimmt:

„Hat auf Grund dieser Vorschriften eine der betheiligten Bahnen Schadensersatz geleistet, so steht ihr der Rückgriff gegen diejenige Bahn zu, welche den Schaden verschuldet hat. Kann diese nicht ermittelt werden, so haben die betheiligten Bahnen den Schaden nach dem Verhältniss ihrer Antheile an der Fracht gemeinsam zu tragen, soweit nicht festgestellt wird, dass der Schaden nicht auf ihrer Beförderungsstrecke entstanden ist. Die Befugniss der Eisenbahnen, über den Rückgriff im voraus oder im einzelnen Falle andere Vereinbarungen zu treffen, wird durch die vorstehenden Bestimmungen nicht berührt." — Die **zwei ersten Sätze** sind dem § 432 Absatz 3 des Handelsgesetzbuchs entlehnt. Für eine mehr ins Einzelne gehende Regelung des Rückgriffs unter den Bahnen, wie sie in den Artikeln 49 ff. des Internationalen Uebereinkommens erfolgt ist, lag für das innere Recht ein genügender Anlass nicht vor, da diese Fragen für die deutschen Bahnen durch das Vereinsübereinkommen eingehend geordnet sind. Nur schien es zweckmässig, die Gültigkeit derartiger Abreden ausser Frage zu stellen, wie dies in dem **letzten Satz** dieses Absatzes nach dem Vorgange des Artikels 54 des Internationalen Uebereinkommens geschehen ist.

Zu § 75.

Absatz 1 lautet nunmehr:

„Die Eisenbahn haftet, vorbehaltlich der Bestimmungen in den folgenden Paragraphen, für den Schaden, welcher durch Verlust, Minderung oder Beschädigung des Gutes in der Zeit von der Annahme zur Beförderung bis zur Ablieferung entsteht, es sei denn, dass der Schaden durch ein Verschulden oder eine nicht von der Eisenbahn verschuldete Anweisung des Verfügungsberechtigten, durch höhere Gewalt, durch äusserlich nicht erkennbare Mängel der Verpackung oder durch die natürliche Beschaffenheit des Gutes, namentlich durch inneren Verderb, Schwinden, gewöhnliche Leckage, verursacht ist."

Die Aenderungen gegenüber der bisherigen Fassung sind wesentlich formeller Art und bezwecken einen möglichst genauen Anschluss an den konnexen § 456 Absatz 1 des Handelsgesetzbuchs. Auch die Aufnahme „äusserlich nicht erkennbarer Mängel der Verpackung" als Entlastungsgrund der Eisenbahn stellt im Hinblick auf die bezüglichen Bestimmungen der §§ 58 und 77 Ziffer 2 nur einen äusserlichen Unterschied von der bisherigen Fassung dar. Wie in diesen ist indess hier und an einigen anderen Stellen der grösseren Deutlichkeit wegen die „Minderung" ausdrücklich erwähnt, während im Handelsgesetzbuch der Ausdruck Verlust in einem weiteren Sinne gebraucht ist, welcher die Minderung als theilweisen Verlust mit umfasst.

Zu § 76.

Der bisherige Absatz 3 enthält nicht so sehr eine den Bestimmungsort betreffende Beschränkung der Haftpflicht, als eine natürliche Folgerung aus gewissen Vorschriften des Frachtbriefes, die als selbstverständlich in das neue Handelsgesetzbuch nicht aufgenommen ist: Denkschrift zur Reichstags-Drucksache Nr. 632/1897 S. 273 zu § 460 (jetzt 468) des Entwurfs. Nachdem diese Bestimmung mit Weglassung der auf die Haftpflicht der Eisenbahn bezüglichen Schlussworte unter den Vorschriften über Ablieferung des Gutes, als Zusatz zum § 66 Absatz 3 Aufnahme gefunden hat, ist sie hier weggefallen.

Zu § 77.

Der neue Text gibt die bisherigen Bestimmungen über die Beschränkung der Haftpflicht bei besonderen Gefahren ihrem wesentlichen Inhalte nach unverändert wieder. Nur ist die Fassung dem konnexen § 459 des Handelsgesetzbuchs, welcher auch die im Pariser Zusatzübereinkommen zu Absatz 1 Ziffer 1, 3 und 6 enthaltenen Ergänzungen des entsprechenden Artikels 31 des Internationalen Uebereinkommens, betreffend **die Aufnahme der fraglichen Vereinbarungen in den Frachtbrief**, bereits berücksichtigt hat, selbst in minder erheblichen Einzelheiten überall möglichst genau angepasst. — Die Einschaltungen im Absatz 1 Ziffer 1 und 3, wonach die von der Haftung befreiende Beförderung in offenen Wagen (Ziffer 1) und die Verladung oder Entladung durch den Absender oder den Empfänger (Ziffer 3) auch auf Vorschriften der Verkehrsordnung beruhen kann[6]), ist als den Intentionen des Handelsgesetzbuchs entsprechend betrachtet worden.[7]) Vergl. auch die Bemerkungen zu § 52 Ziffer 7. — Die Bestimmung im Absatz 1 Ziffer 1, wonach unter dem Schaden, welcher aus der mit der Beförderung in offen gebauten Wagen verbundenen Gefahr entsteht, auffallender Gewichtsabgang oder der Verlust ganzer Stücke nicht zu verstehen ist, wurde in leicht abgeänderter Fassung beibehalten, obschon sie in den Artikel 459 des Handelsgesetzbuchs ebenso wenig aufgenommen worden ist, wie in den konnexen Artikel 31 des Internationalen Uebereinkommens. Nach dem Kommissionsberichte der Pariser Konferenz, Reichstags-Drucksache Nr. 30 S. 90/91 wurde der Inhalt der fraglichen Bestimmung für selbstverständlich, die vorgeschlagene Fassung aber für bedenklich gehalten.

Zu § 78.

Auch in diesem, die Beschränkung der Haftung bei Gewichtsverlusten betreffenden Paragraphen sind nur minder

---

[6]) Derartige Vorschriften finden sich namentlich in der Anlage B.

[7]) Bei Ziffer 6 findet sich dieser Zusatz bereits im Handelsgesetzbuche, wie auch im bisherigen Texte der Verkehrsordnung; er fehlt aber in den konnexen Stellen des Internationalen Uebereinkommens.

wesentliche Fassungsänderungen vorgenommen, und zwar in engem Anschluss an den entsprechenden § 460 H.-G.-B.

§ 80

lautet nunmehr:

„Höhe des Schadenersatzes bei Verlust oder Minderung des Gutes."

„Muss auf Grund des Frachtvertrages von der Eisenbahn für gänzlichen oder theilweisen Verlust des Gutes Ersatz geleistet werden, so ist der gemeine Handelswerth und in dessen Ermangelung der gemeine Werth zu ersetzen, welchen Gut derselben Art und Beschaffenheit am Orte der Absendung in dem Zeitpunkte der Annahme zur Beförderung hatte, unter Hinzurechnung dessen, was an Zöllen und sonstigen Kosten sowie an Fracht bereits bezahlt ist. Vergl. jedoch § 88."

Die bisherige Festsetzung der Höhe des Schadensersatzes im Falle des gänzlichen oder theilweisen Verlustes des Gutes musste sich an die dafür im Artikel 396 des alten Handelsgesetzbuchs gegebenen Vorschriften, wonach für die Berechnung des zu ersetzenden Werthes des Gutes Ort und Zeit der Ablieferung maassgebend waren, genau anschliessen. Nachdem durch § 457 Absatz 1 des neuen Handelsgesetzbuchs die im Artikel 34 des Internationalen Uebereinkommens niedergelegten Grundsätze für die Berechnung der Höhe dieses Werthes — nach Ort und Zeit des Versands — auch für den inneren Eisenbahnverkehr angenommen worden sind, ist dies selbstverständlich ebenso in der neuen Verkehrsordnung geschehen, und zwar unter wörtlicher Wiedergabe des Textes der erwähnten Bestimmung des neuen Handelsgesetzbuchs.

Die Hinweisung auf § 88 am Schlusse des gegenwärtigen Paragraphen trägt der Vorschrift im Absatz 3 des § 457 H.-G.-B. betreffend Vorsatz und grobe Fahrlässigkeit der Eisenbahn Rechnung.

Zu § 81.

Die Ueberschrift lautet nunmehr, mit Rücksicht auf den erweiterten Inhalt des Paragraphen: „Beschränkung der Höhe des Schadensersatzes durch die Tarife."

Absatz 1 gibt den dem Internationalen Uebereinkommen Artikel 35 nachgebildeten bisherigen alleinigen Inhalt des Paragraphen in folgender, dem Handelsgesetzbuch § 461 angepasster, gegenüber dem bisherigen Text wenig veränderter Fassung wieder: „Die Eisenbahnen können in besonderen Bedingungen (Ausnahmetarifen) einen im Falle des Verlustes, der Minderung oder der Beschädigung zu erstattenden Höchstbetrag festsetzen, sofern diese Ausnahmetarife eine Preisermässigung für die ganze Beförderung gegenüber den gewöhnlichen Tarifen der Eisenbahn enthalten und der gleiche Höchstbetrag auf die ganze Beförderungsstrecke Anwendung findet."

Der neu hinzugefügte **Absatz 2** lautet: „Den Eisenbahnen ist ferner gestattet, die im Falle des gänzlichen oder theilweisen Verlustes oder der Beschädigung von Kostbarkeiten, Kunstgegenständen, Geld und Werthpapieren zu leistende Entschädigung in den Tarifen auf einen Höchstbetrag zu beschränken." — Nachdem im § 462 des neuen Handelsgesetzbuchs der Eisenbahn-Verkehrsordnung die Bestimmung darüber vorbehalten ist, inwieweit für den Fall des Verlustes oder der Beschädigung von derartigen Gegenständen die zu leistende Entschädigung auf einen Höchstbetrag beschränkt werden kann, erschien es angezeigt, den Bahnen zu gestatten, solche Bestimmungen in den Tarifen zu treffen. Dies wird voraussichtlich demnächst geschehen.

Als **Absatz 3** ist weiter folgende neue Bestimmung aufgenommen: „Wegen der Fälle, in denen voller Ersatz zu leisten ist, vergl. § 88." Damit ist der Vorschrift der §§ 461 Absatz 2 und 462 Satz 2 des Handelsgesetzbuchs über den Einfluss von Vorsatz und grober Fahrlässigkeit auf die in Absatz 1 und 2 dieses Paragraphen erwähnten Fälle beschränkter Haftpflicht Rechnung getragen.

§ 83

lautet nunmehr: „Im Falle der Beschädigung des Gutes ist für die Minderung des im § 80 bezeichneten Werthes Ersatz zu leisten. Ist für den zu ersetzenden Werth des Gutes auf Grund der Bestimmungen des § 81 im Tarif ein Höchstbetrag festgesetzt, so wird der für die Beschädigung zu leistende Ersatz verhältnissmässig gekürzt. Vergl. jedoch § 88."

Während der bisherige § 83 in genauem Anschluss an die Fassung des Artikels 37 des Internationalen Uebereinkommens bestimmt, dass im Falle der Beschädigung „der ganze Betrag des Minderwerthes" zu ersetzen sei, verweist die für den ersten Satz des neuen § 83 vorgeschlagene Fassung, wie der ihr zu Grunde liegende § 457 Absatz 2 des Handelsgesetzbuchs, lediglich auf die sinngemässe Anwendung der für den Fall des Verlustes gegebenen Vorschriften. Nach der dem Reichstage vorgelegten Denkschrift zu Nr. 632/1897 S. 271 war schon die jetzige Bestimmung in diesem Sinne auszulegen.

Im zweiten Satze ist die Anwendung des im ersten Satze niedergelegten Prinzipes auf die Fälle der tarifmässigen Beschränkung der Höhe des Ersatzes (§ 81) im Sinne des § 457 Absatz 2 verb. mit den §§ 461 und 462 des Handelsgesetzbuchs geregelt.

Den letzteren Bestimmungen entspricht auch die Verweisung auf die allgemeine Vorschrift des § 88 über den Einfluss von Vorsatz usw. am Schluss der neuen Fassung.

Zu § 84.

In Absatz 1 und 2 sowie in der Ueberschrift ist nach der Ausdrucksweise des Handelsgesetzbuchs § 463 statt „Deklaration" (des Interesses an der Lieferung) und „deklariren" gesetzt: „Angabe" und „(im Frachtbrief) angeben."

Der neue Absatz 3, der an die Stelle der bisherigen Absätze 3 bis 5 tritt, lautet: „Der Frachtzuschlag ist für untheilbare Einheiten von je 10 ℳ und 10 km zu berechnen und darf 2,5 ₰ für 1 km und für je 1 000 ℳ des als Interesse angegebenen Betrages nicht übersteigen. Der geringste zur Erhebung kommende Frachtzuschlag beträgt für den ganzen Durchlauf 40 ₰. Ueberschiessende Beträge werden auf 10 ₰ abgerundet." — Der nach dem Vorgang des § 9 Absatz 2 der Ausführungsbestimmungen zum Internationalen Uebereinkommen (in der Fassung des Pariser Zusatzübereinkommens) neu redigirte erste Satz beruht im wesentlichen auf der Grundlage der bisherigen Bestimmung, wonach der Frachtzuschlag Fünf vom Tausend der deklarirten Summe für je angefangene 200 km nicht übersteigen darf. Die neue Fassung beseitigt aber gewisse Schwierigkeiten der Berechnung für Sendungen, die mangels direkter Tarife von der Versand- bis zur Bestimmungsstation gebrochen abgefertigt werden. Auch wird durch die veränderte Abrundung der Zuschlag in den meisten Fällen niedriger.

Als Absatz 4 ist, dem § 468 Absatz 2 des Handelsgesetzbuchs entsprechend, neu bestimmt: „Ist die Ersatzpflicht nach den Vorschriften des § 81 auf einen Höchstbetrag beschränkt, so findet eine Angabe des Interesses an der Lieferung über diesen Betrag hinaus nicht statt."

§ 85

lautet nunmehr: „Hat eine Angabe des Interesses an der Lieferung stattgefunden (§ 84), so kann im Falle des Verlustes, der Minderung oder der Beschädigung des Gutes ausser der in den §§ 80 und 83 bezeichneten Entschädigung der Ersatz des weiter entstandenen Schadens bis zu dem angegebenen Betrage beansprucht werden." — Die Modifikationen gegenüber der bisherigen Fassung folgen dem Wortlaute des Handelsgesetzbuchs § 463 Absatz 1. Nach seinem Vorgange ist auch der bisherige zweite, die Beweisfrage betreffende Satz weggelassen.

Zu § 86.

In der neuen Fassung sind die bisherigen Vorschriften über die Haftpflicht der Eisenbahn für Versäumung der Lieferfrist im wesentlichen unverändert geblieben. Nur ist, nach dem Vorgange des Handelsgesetzbuchs § 466 Absatz 1, auch hier die Bestimmung über die Beweislast weggefallen.

Zu § 87.

Die bisherigen Bestimmungen über die Höhe des Schadensersatzes bei versäumter Lieferfrist sind als Absatz 1 beibehalten. Nur sind, der Ausdruckweise in dem konnexen H.-G.-B. § 466 Absatz 2 und 3 entsprechend, die Worte „Deklaration" und „deklarirten" durch „Angabe" und „angegebenen" ersetzt.

Der neue **Absatz 2**: „Beweist die Eisenbahn, dass kein Schaden entstanden ist, so ist keine Vergütung zu leisten." bringt gegenüber abweichenden irrigen Auffassungen zum Ausdruck, dass die Anwendung der Vorschriften dieses Paragraphen stets das Vorhandensein eines Schadens voraussetzt.

Durch den **neuen Absatz 3** ist nach dem Vorgange des H.-G.-B. § 466 Absatz 4 bestimmt: „Wegen der Fälle, in denen voller Ersatz zu leisten ist, vergl. § 88."

§ 88

hat folgende Fassung erhalten:

„Schadensersatz bei Vorsatz oder grober Fahrlässigkeit der Eisenbahn."

„Ist der Schaden durch Vorsatz oder grobe Fahrlässigkeit der Eisenbahn herbeigeführt, so kann in allen Fällen Ersatz des vollen Schadens gefordert werden."

Im Anschluss an den wesentlichen Inhalt der dem Artikel 41 des Internationalen Uebereinkommens entsprechenden bisherigen Fassung sind die Vorschriften über den Einfluss von Arglist und grober Fahrlässigkeit auf den Schadensersatz hier zusammengefasst. Nur ist nach dem Vorgange der konnexen Bestimmungen in den §§ 438 a. E., 457 Absatz 3, 461 Absatz 2, 462 a. E., 464 Absatz 2, 465 Absatz 2 und 466 Absatz 4 des Handelsgesetzbuchs der bisherige Ausdruck „Arglist" durch das in diesem Zusammenhange damit wesentlich gleichbedeutende Wort „Vorsatz" ersetzt. Auch ist, um zugleich die im Handelsgesetzbuch gewählte Methode der Darstellung zu berücksichtigen, bei den betreffenden einzelnen Bestimmungen auf die Anwendbarkeit dieser allgemeinen Vorschrift hingewiesen.

§ 89.

Die Vorschriften über „Verwirkung der Schadensersatzansprüche", die sich ebenmässig auch im Internationalen Uebereinkommen Artikel 43 finden, sind in der Fassung des H.-G.-B. § 467, welcher gegenüber dem bisherigen Text des § 89 nur ganz unerhebliche Modifiaktionen der Ausdrucksweise zeigt, in die neue Verkehrsordnung übernommen.

Zu § 90.

An den bisherigen Bestimmungen, betr. das Erlöschen der Ansprüche gegen die Eisenbahn nach Bezahlung der Fracht und Annahme des Gutes, sind Aenderungen nur im A b s a t z 2 vorgenommen, der nunmehr lautet:

„Hiervon sind jedoch ausgenommen:

1. Entschädigungsansprüche für Schäden, die durch Vorsatz oder grobe Fahrlässigkeit der Eisenbahn herbeigeführt worden sind;

2. Entschädigungsansprüche wegen Verspätung, wenn sie spätestens am vierzehnten Tage, den Tag der Annahme nicht mitgerechnet, bei einer der nach § 74 in Anspruch zu nehmenden Eisenbahnen schriftlich angebracht werden;

3. Entschädigungsansprüche wegen solcher Mängel, die gemäss §§ 71 oder 72 festgestellt worden sind, bevor der Empfänger das Gut angenommen hat, oder deren Feststellung nach § 71 hätte erfolgen sollen und durch Verschulden der Eisenbahn unterblieben ist;

4. Entschädigungsansprüche wegen solcher Mängel, die bei der Annahme äusserlich nicht erkennbar waren, jedoch nur unter nachstehenden Voraussetzungen:
  a) es muss unverzüglich nach der Entdeckung des Mangels und spätestens binnen einer Woche nach der Annahme zu dessen Feststellung entweder bei Gericht die Besichtigung des Gutes durch Sachverständige oder schriftlich bei der Eisenbahn eine gemäss § 71 vorzunehmende Untersuchung des Gutes beantragt werden;
  b) der Berechtigte muss beweisen, dass der Mangel während der Zeit zwischen der Annahme zur Beförderung und der Ablieferung entstanden ist."

Die neue Fassung des Absatzes 2 enthält gegenüber dem bisherigen Wortlaut verschiedene theils materielle, theils formelle Aenderungen in möglichst genauem Anschluss an den Text des § 438 Abs. 3 und 5 und des § 464 des Handelsgesetzbuchs. In diesen Gesetzesstellen ist auf thunliche Uebereinstimmung mit den konnexen Bestimmungen des Artikels 44 des Internationalen Uebereinkommens (in der durch das Pariser Zusatzübereinkommen vorgesehenen Fassung) bereits Rücksicht genommen. Als besonders erhebliche Aenderungen gegenüber der bisherigen Fassung sind hervorzuheben:

z u 1: das Wegfallen der Regelung der Beweislast;

z u 2: die Erstreckung der Frist von 7 Tagen auf 14 Tage;

z u 3: das Citat des § 72;

z u 4 a: die Herabsetzung der Frist von 4 Wochen auf 1 Woche; endlich

n a c h 4 b: das Wegfallen der bisherigen Bestimmung, wonach die Vorschriften unter 4 keine Anwendung finden, wenn die Feststellung des Zustandes des Gutes durch den Empfänger auf der Empfangsstation möglich war und die Eisenbahn sich bereit erklärt hat, sie dort vorzunehmen. Diese Bestimmung, die aus dem Internationalen Uebereinkommen in die alte Verkehrsordnung übernommen worden war, aber in die erwähnten Vorschriften des Handelsgesetzbuchs nicht übergegangen ist, durfte gemäss H.-G.-B. § 471 für den inneren Verkehr durch die neue Ordnung nicht getroffen werden.

A b s a t z 5 ist weggefallen, nachdem das darin enthaltene Gebot der Schriftlichkeit an den einzelnen Stellen, wo es der Absicht der gegenwärtigen Bestimmung nach allein Anwendung zu finden hat, in der neuen Fassung des Absatzes 2 (Ziffer 2 und 4) schon zum Ausdrucke gekommen ist.

§ 91
lautet nunmehr:

„Verjährung der Ansprüche gegen die Eisenbahn wegen Verlustes, Minderung, Beschädigung oder Verspätung des Gutes."

„(1) Die Ansprüche gegen die Eisenbahn wegen Verlustes, Minderung, Beschädigung oder verspäteter Auslieferung des Gutes verjähren in einem Jahre.

(2) Die Verjährung beginnt im Falle der Beschädigung oder Minderung mit dem Ablaufe des Tages, an welchem die Ab-

lieferung stattgefunden hat, im Falle des gänzlichen Verlustes oder der verspäteten Ablieferung mit dem Ablaufe der Lieferfrist.

(3) Die Verjährung wird durch die schriftliche Anmeldung des Anspruches bei der Eisenbahn g e h e m m t. Ergeht auf die Anmeldung ein abschlägiger Bescheid, so beginnt der Lauf der Verjährungsfrist wieder mit dem Tage, an welchem die Eisenbahn ihre Entscheidung dem Anmeldenden schriftlich bekannt macht und ihm die der Anmeldung etwa angeschlossenen Beweisstücke zurückstellt. Weitere Gesuche, die an die Eisenbahn oder an die vorgesetzten Behörden gerichtet werden, bewirken keine Hemmung der Verjährung.

(4) Für die U n t e r b r e c h u n g der Verjährung bewendet es bei den allgemeinen gesetzlichen Vorschriften.

(5) Die im A b s a t z 1 bezeichneten Ansprüche können nach der Vollendung der Verjährung nur aufgerechnet werden, wenn vorher der Verlust, die Minderung, die Beschädigung oder die verspätete Ablieferung der Eisenbahn angezeigt oder die Anzeige an sie abgesendet worden ist. Der Anzeige an die Eisenbahn steht es gleich, wenn gerichtliche Beweisaufnahme zur Sicherung des Beweises beantragt oder in einem zwischen dem Absender und dem Empfänger oder einem späteren Erwerber des Gutes wegen des Verlustes, der Minderung, der Beschädigung oder der verspäteten Ablieferung anhängigen Rechtsstreite der Eisenbahn der Streit verkündet wird.

(6) Die Vorschriften dieses Paragraphen finden keine Anwendung, wenn die Eisenbahn den Verlust, die Minderung, die Beschädigung oder die verspätete Ablieferung des Gutes vorsätzlich herbeigeführt hat. Sie finden ferner keine Anwendung auf Rückgriffsansprüche der Eisenbahnen unter einander."

Die neue Fassung hält sich möglichst genau an die Vorschriften der §§ 439 (in Verbindung mit 414) und 470 Absatz 2 des Handelsgesetzbuchs, in denen die Aenderungen des konnexen Artikels 45 des Internationalen Uebereinkommens durch das Pariser Zusatzübereinkommen bereits berücksichtigt sind, indess eine vollständige Uebereinstimmung mit den Sätzen des internationalen Rechts nicht für angängig erachtet wurde.

Demgemäss sind für Absatz 1 nur leichte redaktionelle Aenderungen vorgesehen.

Im Absatz 2 sind die den Beginn der Verjährung betreffenden Bestimmungen des H.-G.-B. § 414 Absatz 2 in ihrer Anwendung auf den Eisenbahnfrachtvertrag (§ 439) wiedergegeben. Hierdurch ist zugleich ein in den Vorschriften des alten Handelsgesetzbuchs begründeter Unterschied zwischen dem bisherigen Texte dieses Absatzes und dem Artikel 45 Absatz 2 des Internationalen Uebereinkommens bezüglich des Beginnes der Verjährung im Falle der Verspätung beseitigt. Die Worte „an dem Tage" sind, gleichfalls nach dem Vorgange des Handelsgesetzbuchs, durch den präziseren Ausdruck „mit dem Ablauf des Tages" ersetzt.

Absatz 3, betreffend die Hemmung der Verjährung, ist den Bestimmungen des § 470 Absatz 2 des Handelsgesetzbuchs, soweit sie hierher gehören, entnommen, und deckt sich dem Sinne nach mit Artikel 45 Absatz 4 des Internationalen Uebereinkommens (in der Fassung des Pariser Zusatzübereinkommens).

In dem neu hinzugefügten Absatz 4 ist zur Vermeidung von Missverständnissen der Gegensatz zwischen „Hemmung" und „Unterbrechung" hervorgehoben und in letzterer Hinsicht auf die allgemeinen gesetzlichen Vorschriften verwiesen. Nach dem Internationalen Uebereinkommen (Artikel 45 Absatz 8) kommen in dieser Beziehung die Gesetze des Landes, wo die Klage angestellt ist, zur Anwendung.

Absatz 5 ist dem § 414 Absatz 8 in Verbindung mit § 439 des Handelsgesetzbuchs entnommen. Er weicht von den Bestimmungen des Internationalen Uebereinkommens Artikel 46 insofern ab, als auch verjährte Ansprüche im inneren Rechte zur Aufrechnung benutzt werden können, wenn vor dem Ablaufe der Verjährung eine Anzeige an die Eisenbahn oder ein ihr gleichstehender Vorgang stattgefunden hat.

Im **Absatz 6** sind die Bestimmungen des § 414 Absatz 4 und des § 439 des Handelsgesetzbuchs über die Nichtanwendbarkeit der Vorschriften dieses Paragraphen auf die Fälle einer vorsätzlichen Handlung von Seiten der Eisenbahn sowie auf Rückgriffsansprüche der Eisenbahnen unter einander wiedergegeben.

Die Schlussbestimmung,

die sich unter IX der bisherigen Ordnung findet, ist weggefallen. Die im **ersten Absatz** enthaltene Vorschrift über die Veröffentlichung ergibt sich für eine Rechtsverordnung schon aus Artikel 2 der Reichsverfassung. Vergl. übrigens auch den zweiten Satz des Absatzes 2 der neuen Eingangsbestimmungen. Die Vorschrift des bisherigen **zweiten Absatzes** wegen Bereithaltung von Exemplaren der Verkehrsordnung passt nicht zu ihrem nunmehrigen Charakter als Rechtsordnung (s. das im Eingang dieser Abhandlung Bemerkte) und wird zudem dadurch überflüssig, dass der Text der Verkehrsordnung in die für das Publikum bereit zu haltenden Tarife aufgenommen ist.

Zu Anlage B.

Die Vorschriften über bedingungsweise zur Beförderung zugelassene Gegenstände haben nur wenige Aenderungen erfahren:

In der Anmerkung zur Ueberschrift sind neben dem Internationalen Uebereinkommen auch die bezüglichen späteren Vereinbarungen erwähnt.

Wegen der Aenderung in Nr. XXXV a vergl. das zu § 50 C Bemerkte.

Im Eingang der Nr. XXXV c sind die Präparate „Petroklastit" und „Haloklastit" neu eingefügt.

Zu den Anlagen C und D.

Die Frachtbriefformulare sind nur in folgenden Punkten modifizirt:

In die für Bezeichnung der Wagen bestimmte Rubrik sind zwei Unterspalten für „Ladegewicht" und „Ladefläche" nach dem Vorgange des Pariser Zusatzübereinkommens aufgenommen.

Für die Adresse ist aus Anlass einer aus dem Handelsstande gegebenen Anregung die Angabe von „Strasse und Hausnummer" vorgeschrieben, jedoch nur in dem Sinne, dass der Absender für die Folgen mangelhafter Adressangaben zu haften hat (V.-O. § 53 Absatz 1). Vergl. auch allgemeine Abfertigungsvorschriften S. 53, 54.

Die Spalte „sonstige zulässige Erklärungen" hat unter der Ueberschrift „Zulässige Erklärungen" eine erweiterte Fassung erhalten.

Statt der Worte „deklarirtes Interesse an der Lieferung" und „Interessedeklaration" ist überall der Ausdruck „Interesse an der Lieferung" gesetzt.

Zu Anlage E.

Dieses Formular hat zur Hervorhebung des Unterschiedes von der neuen Anlage F die Ueberschrift: „Besondere Erklärung über die Verpackung des Gutes" erhalten.

Als Anlage F

ist ein neues Formular für eine „Allgemeine Erklärung über die Verpackung des Gutes" eingeführt. Vergl. hierüber das oben zu § 58 Abs. 2 Bemerkte.

Als Anlage G

ist die durch das Pariser Zusatzübereinkommen modifizirte bisherige Anlage F, „Nachträgliche Anweisung", vorgesehen, worüber bereits zu § 64 Absatz 6 das Erforderliche bemerkt ist.

In allen Punkten, die sich in der obigen Darstellung nicht erwähnt finden, sind[8]) die Vorschriften der Verkehrsordnung für die Eisenbahnen Deutschlands vom 15. No-

---

[8]) Abgesehen von einigen dem veränderten Inhalt einiger Paragraphen entsprechenden weiteren Modifikationen der Ueberschriften.

vember 1892 sammt ihren abändernden und ergänzenden Nachträgen in die neue Eisenbahn-Verkehrsordnung übergegangen. Diese schliesst sich somit ihrer Vorgängerin nach Form und Inhalt zum weitaus grössten Theil auf's Engste an. Um so sorgfältiger wird bei Anwendung der neuen Ordnung auf ihre immerhin zahlreichen und zum Theil nicht unerheblichen Abweichungen von den bisherigen Vorschriften zu achten sein. Diese Aufgabe dem Praktiker zu erleichtern, ist der Zweck der vorstehenden Erörterungen.

MIX
Papier aus verantwortungsvollen Quellen
Paper from responsible sources
FSC® C105338

If you have any concerns about our products,
you can contact us on
ProductSafety@springernature.com

In case Publisher is established outside the EU,
the EU authorized representative is:
**Springer Nature Customer Service Center GmbH
Europaplatz 3, 69115 Heidelberg, Germany**

Printed by Libri Plureos GmbH
in Hamburg, Germany